哇！科技
无所不在

……编著

海峡出版发行集团 | 福建科学技术出版社
THE STRAITS PUBLISHING & DISTRIBUTING GROUP | FUJIAN SCIENCE & TECHNOLOGY PUBLISHING HOUSE

给师长的话

因材施教启发孩子未知的潜能！

"学习树"是依据义务教育课程规划设计，是一套寓教于乐的读本。它们强调"分级阅读、适性学习"，提供孩子"语文、健康与体育、社会、艺术与人文、数学、自然生活与科技"等六大学习领域，并依据各领域、各科目的不同属性，以不同方式呈现。

分级阅读

本丛书内容均与教育部颁订的课程纲要及教材细目相结合，并依该领域的知识结构及学习心理发展，以及年级年段逐次展开，由统而分，由简而繁。每一主题为主树"干"，逐次分"枝"，再配"叶"，形成枝叶繁茂之"学习树"。

适性学习

"学习树"的内容除了深浅难易分级外，同一主题也会有不同表现形式，如图文式、漫画式、图解式、问答式等，可以配合孩子的学习习惯或目的，灵活选用，以激发学习兴趣，克服学习难点。

启发孩子未知的潜能

对孩子来说，"学习树"是一套寓教于乐的读本，可以帮助孩子将学校"正式规划的课程"所习得的基本"学力"，内化为自己的基本"能力"。

对老师来说，"学习树"是一个立体性、综合性、系统性的资源库，可以协助老师教学活动进行得更丰富灵活、更轻松有趣。

对家长来说，每个孩子在学习上的疑点或难点不尽相同，阅读上的习惯也因人而异，"学习树"让家长可以更有针对性地补足孩童的需要。

给孩子的话

世界真奇妙，等你来探索！

　　在这个发展迅速、全球人文共融的世界中，我们常常有许多的疑问，但却不知道该去哪里找寻解答。这套"学习树"读本，就是希望通过生活周围观察到的人、事、物，以轻松阅读的方式，让我们知道平常在学校所学到的，其实是可以与我们的生活密切结合的。你我其实就跟"学习树"中的主人公"小伍"跟"小岚"一样，通过在生活中的提问，找寻到许许多多除了答案以外更有价值的事物，让它们成为我们的养分，使我们像树一样渐渐地成长茁壮。

　　亲爱的小朋友，你们是这个世界的未来，我们平日在学校所学得的知识，不仅是为了考试的需求，更该应用在我们的生活中，成为身上带不走的技能。因此，我们需要开拓视野，看见世界的美好。就让我们一起进入"学习树"的有趣故事，跟着"小伍"跟"小岚"，探索奇妙的世界吧！

推荐序

自我学习，自我解惑，增进学习兴趣！

　　生活，真的处处都是我们学习的好场景！即使是一小蚂蚁！

　　在这套"学习树"读本中，整体架构以树的概念来编写，"树根""树干"——提供最基础的知识，扎根之后基础知识也稳固了，接着根据不同年龄层的特点提供不同的养料，让孩子可以向上发展成"树枝"和"树叶"。不同形式的表现内容（图文式、漫画式、图解式等），就如同珍贵的养分，针对"树种"的特质（孩子的差异）需求给予适当的补充，在阅读的过程中，孩子就可以自我学习，自我解惑，也因此增进学习兴趣。

　　相信您的孩子会爱不释手的，而且它也是很有意义的科普读物。

使用方法

　　"学习树"提供给孩子除了课本以外的学习内容，并搭配课纲辅助，可跟学校课程相结合。

　　首先请翻开"学习树树状图"，看看本书是属于哪个程度、主题。

接着翻内页

为什么说 **超可爱的插图** "条条大路通罗马"？

爸爸，"条条大路通罗马"是什么意思啊？

就是说做每一件事的方法不只一种，多想想就会有很多种可能性。

那跟罗马有什么关系呢？

古代的罗马是个超级大国，建造了纵横交错的交通路线，后人为了纪念古罗马的伟大，所以才说"条条大路通罗马"！

哇！真有趣！

有趣的漫画：轻松得到解答

有趣的知识补充
知识补给站

古罗马原本只是一个小城邦，但是在公元前3世纪时，古罗马人已经统治了整个意大利，公元前1世纪更将统治区域扩展到欧、亚、非三大洲，所以有人说古罗马为了扩张统治的疆域，才建造那么多条路。

简单易读的文字
学习小天地

古罗马人的建筑技术十分高超，不只罗马城内的公共设施非常完善，他们更发明了混凝土与拱形的建筑结构，如著名的罗马斗兽场、万神殿、君士坦丁凯旋门，对后世的建筑发展影响非常巨大。

真实照片提供

罗马人好厉害！

学习目标　科技的发展与文明
认识历史上重要的科技创新与发明，了解各个时代的科技发展及其生活方式。

配合学校课程

Contents

目录

哇！好丰富的内容！

我也好想看！

金字塔？？是怎么建造的

你有没有看过金字塔呢？古代的金字塔是用石块堆叠而成，每一面都是三角形，结构非常坚固，直到今日还能见到许多古代金字塔。

很多地方都有金字塔，如南美洲的玛雅金字塔、墨西哥的太阳金字塔，以及最著名的埃及金字塔，它们是如何建造出来的，至今还是一个谜。大型的埃及金字塔是由一万多块石块堆叠而成的，每块石块都有几吨重。要如何建造出雄伟的金字塔呢？科学家只能靠观察和通过物理原理来推测。其

知识补给站

除了如何堆叠金字塔之外，运送石块的方式也是金字塔留下的一大谜团，有人说古埃及人开凿了运河来运送石块，也有人说他们在沙地上洒水，让拖行石块更加方便。虽然到目前为止仍然没有正确解答，但是科学家的说法都是根据物理原理推测的喔！

中一种说法认为，古埃及人将土堆成斜坡，再用滚轴把石块拉上去。还有一种说法则认为，古埃及人是用一根巨大的棍子，利用杠杆原理将石块一块块吊上去。聪明的你也一起来应用物理原理，想一想还有什么方法可以建造巨大的金字塔吧！

学习小天地

　　胡夫金字塔是埃及最古老的金字塔，同时也是世界上最大的金字塔。在世界古代七大奇迹中，胡夫金字塔是建造年代最久远，也是唯一还存在的一个。

学习目标

科技的发展与文明
了解各个时代的科技发展及其生活方式。

电机与机械应用
知道日常生活中常利用简单机械，如杠杆、滑轮、链条、皮带、齿轮、轮轴等。

自由女神像 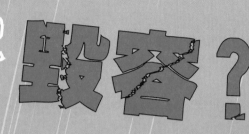 为什么被 毁容？

酸雨的形成是因为人类排放的废气中含有酸性氧化物，它对自然环境有很大的伤害。酸碱值（pH）低于4就足以让湖泊里的鱼致命，而许多数百年来屹立不摇的古迹，都敌不过酸雨的侵蚀，变得面目全非。

说到美国纽约你会想到什么呢？自由女神像想必是许多人的第一反应。但是你知道自由女神像并不是永远保持刚刚落成的模样吗？20世纪50年代就有人发现："咦！自由女神像的外皮好像脱落了，像是被毁容了一样！"怎么会发生这种事呢？小朋友你知道凶手是谁吗？

让自由女神像毁容的凶手就是可怕的酸雨，由于工业发展迅速，汽车、摩托车和工厂排放的废气越来越多，让雨水越来越"酸"。一般的雨水因为溶解了部分的二氧化碳，酸碱值大约为5.6，但是有些污染严重的地区，像是美国所在的北美洲，有时雨水的酸碱值居然只有3，等于食用醋的酸度，难怪自由女神像会被毁容。

学习小天地

自由女神像是法国送给美国的礼物，为了庆祝美国独立100周年。自由女神右手拿的火炬象征着追求自由，左手拿的《美国独立宣言》，上面写的签署日期：1776年7月4日，这天也就是美国的国庆日。

学习目标 　环境污染与防治
观察空气受到污染会对生物产生的影响，并能知道空气污染防治的简易方法。

为什么说 "条条大路通罗马"？

爸爸，"条条大路通罗马"是什么意思啊？

就是说做每一件事的方法不只一种，多想想就会有很多种可能性。

那跟罗马有什么关系呢？

古代的罗马是个超级大国，建造了纵横交错的交通路线，后人为了纪念古罗马的伟大，所以才说"条条大路通罗马"。

哇！真有趣！

知识补给站

古罗马原本只是一个小城邦，但是在公元前 3 世纪时，古罗马人已经统治了整个意大利，公元前 1 世纪更将统治区域扩展到欧、亚、非三大洲，所以有人说古罗马为了扩张统治的疆域，才建造那么多条路。

学习小天地

古罗马人的建筑技术十分高超，不只罗马城内的公共设施非常完善，他们更发明了混凝土与拱形的建筑结构，如著名名的罗马斗兽场、万神殿、君士坦丁凯旋门，对后世的建筑发展影响非常巨大。

古罗马人好厉害！

学习目标 <u>科技的发展与文明</u>
认识历史上重要的科技创新与发明，了解各个时代的科技发展及其生活方式。

采用悬索结构的大型公共建筑！

　　你看过吊桥吗？吊桥可以屹立不倒的原因，靠的就是建筑中常见的悬索结构。悬索结构是由柔性拉索及其边缘构件所形成的承重结构，作为悬索的建筑材料可以是钢丝束、钢绞线、圆钢、链条，以及其他受拉性能良好，即受到拉力时不会变形的线材。

　　悬索结构会被利用在大型公共建筑上是因为这样的结构可以减轻建筑的重量、节省材料成本，建造出来的建筑占地面积可以很广。悬索结构分为平面结构与空间结构，平面结构多用于吊桥或架空管道，空间结构则多使用于建筑上，如大型体育馆、博物馆等。

知识补给站

悬索结构的应用非常早，古代中国就有以竹子、藤做成的吊桥。在钢材广泛使用之后，悬索结构的应用也越来越广泛，台北的剑潭地铁站、东京的代代木竞技场都是悬索结构的例子。

学习小天地

建筑结构的种类非常的多，例如：一般房屋所用的墙体结构，是用墙面来支撑房屋。建筑结构是建筑物在建造之前的基础，需要很专业的技术才能设计出来。

學習目標

运动与力

观察物体受好几个力的作用时，仍可能保持平衡静止不动的情况。

电机与机械应用

知道日常生活中常用的简单机械，如杠杆、滑轮、链条、皮带、齿轮、轮轴等。

台北101大楼
为什么要悬挂大钢球？

你有没有参观过台北101大楼呢？台北101大楼是世界知名的摩天大楼，也是许多游客来到台湾的必访景点之一。在高楼上，我们可以随意享地受城市制高点的美景。但是你有没有想过，为什么大楼都不会晃动呢？不是说越高的楼层受到风的影响越大吗？难道台北都没有风吗？

"怎么会有一颗金色的大球？"没错！这颗金色大球就是大楼不摇晃的秘密。这颗金色大球叫"防震阻尼器"，重达600多吨，台北101大楼是世界上第一座将防震阻尼器外露的大楼。当大楼受到风或地震影响晃动时，这颗金色大球会自动往反方向移动，减低大楼的摇晃程度，所以我们才能安然无恙地在大楼上继续游玩喔！

知识补给站

台湾是个台风、地震多发的地方，所以建筑物的设计必须具有防风、防震的功能。台北101大楼不仅设置了防震阻尼器，外观还特别选用了阶层设计，可以减小对风造成的阻力。

大楼也会影响风喔！你有没有发现在两栋大楼之间，风会突然变得特别大，这就是所谓的大楼风。当风经过大楼之间较小的间隙时，风速会变得特别快，从而形成了大楼风。

学习目标

运动与力

观察物体在同时受好几个力作用的情况下，仍可能保持平衡静止不动。

电机与机械应用

知道日常生活中经常用的简单机械，如杠杆、滑轮、链条、皮带、齿轮、轮轴等。

什么是城市看不见的生命线？

爸爸，我们家的天然气从哪里来？废水又到哪里去了呢？

这都要感谢城市中看不见的生命线喔！

城市中看不见的生命线是什么？

就是埋在地下的管线，它们负责供水、供电、排水等，如果要整修就要把地面挖开，完成后再埋起来。

希望土地可以装上拉链，就不用这么麻烦了！

知识补给站

地下管线的规划必须考虑全面，铺设时也要符合规范，因为一旦发生意外，将会影响到管线周边大批居民的生活。

学习小天地

新闻里有时会看到气爆事件，它一般是因为输送高风险石化气体的管线老化或发生人为疏失，造成气体外泄所致。气爆影响范围极广，甚至导致民众伤亡。

学习目标　**科技的发展与文明**
了解各个时代的科技发展及其生活方式。

田园城市

是童话里才有的吗?

现代工业与科技的飞速发展,带动了城市发展,越来越多的人往城市中聚集,每一座城市里都挤满了人,拥挤的生活环境让生活品质不断下降。如今,许多城市开始以"田园城市"为设计范本,你知道什么是田园城市吗?

田园城市是英国社会学家在1898年提出的构想,其主旨是让我们居住的社区被包围在田园、树林和公园之中,这是平衡我们的住宅、工厂和农田的一种规划。这个构想对城市发展的影响非常深远,后来许多城市都以此为范本建造。例如,英国的莱奇沃斯城市就是世界上第一个田园城市。

知识补给站

田园城市设计是为了追求更高生活品质，与自然共生，我国台湾也有以田园城市为范本的案例，南投县于1957年建造的中兴新村，就是参考英国田园城市所设计的。

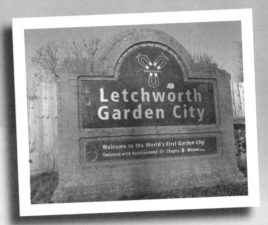

学习小天地

田园城市的概念影响了之后的城市设计，像是重视公共建设、居民环保意识的"绿色城市"，核心价值与田园城市具有相当的关联性。

学习目标 **人类与自然界的关系**
知道人类活动会改变环境，这种改变可能会破坏自然环境，并了解森林面积的减少对大气、土地等的影响。

为什么室内设计师要懂人体工学？

"这边的柜子可不可以镶在墙壁里？""桌子可不可以做成移动式的？"一位室内设计师必须设法满足客户提出的各种要求，并根据不同的要求、不同的环境做出不同的设计。所以室内设计师都懂得一门厉害的学问，那就是人体工学。

人体工学是以人为研究的对象，针对不同方面做研究。室内设计师必须针对客户的喜好、要求来完成设计，床铺、桌子的尺寸，走道的大小等细节都是室内设计师必须注意的地方，因此想要设计出最适合人居住的房子，室内设计师当然要精通人体工学。

知识补给站

室内装饰对人的情绪会产生影响喔！房子内整体的色调、家具的材质，或是各类物品的摆设方式都会影响我们的生活，所以为了追求更加舒适的生活环境，可不能小看室内设计？

学习小天地

人体工学涉及的范围很广，人在工作环境里的状态、人和机器的关系，甚至生活中很多我们没有注意到的地方都和人体工学有关，例如汽车座椅的设计就是人体工学的一部分。

学习目标 **科技的发展与文明**
了解各个时代的科技发展及其生活方式。

为什么古希腊建筑遗迹有许多石柱？

古希腊的建筑真是美丽啊！

是啊！古希腊的建筑具有非常高的艺术价值呢！

但是为什么古希腊建筑遗迹外围会有石柱呢？

那些石柱曾经是建筑的一部分，用来支撑屋顶的重量，只是后来屋顶被毁坏了，只剩下石柱。

原来如此。

知识补给站

石柱的柱式是古希腊建筑的一大特色，并且影响到后来的罗马式建筑。这些石柱并没有一定的模样，而是以风格来区分，其风格可以分为三种：多利克柱式、爱奥尼亚柱式与科林斯柱式。

学习小天地

帕提农神庙是非常知名的古希腊建筑，使用的石柱为多利克柱式，比例和谐而且艺术成就极高，雕像装饰更足以代表古希腊时代的最高成就，里面祀奉的是雅典娜女神。

学习目标　<u>科技的发展与文明</u>
认识历史上重要的科技创新与发明。

为什么教堂的窗户要用彩色玻璃？

知识补给站

花窗玻璃的烧制过程非常复杂，必须先用土石制作胚心，敷上融化的玻璃，等玻璃厚度均匀后，剖开胚心并反复地辗压。若要使玻璃染色，则要在玻璃的原料中加入不同的金属氧化物。

小朋友有没有去过教堂呢？教堂的窗户由五颜六色的玻璃做成，真是璀璨动人呢！这种玻璃的名称叫做"花窗玻璃"，在西方教堂里面很常见，后来也传入东方世界，你知道为什么教堂要使用花窗玻璃吗？

教堂使用花窗玻璃是因为有光照射到窗面上时，会发出灿烂夺目的光芒，让教堂的内部摆脱沉闷的感觉。花窗玻璃上有许多图案，大多数的图案都是在描述《圣经》里的故事，让不识字的教徒也可以通过图案来学习《圣经》里的教义。你看，花窗玻璃的用途是不是很大呢？

学习小天地

教堂可分为罗马式教堂与哥特式教堂。罗马式教堂历史较早，墙壁以石块、砖头堆砌而成，入口较小；哥特式教堂则多以花窗玻璃、尖形高塔做装饰，具有很高的艺术价值。

学习目标

材料

通过资料收集认识木材、塑料、金属、玻璃与陶瓷对生活的影响，并认识不同的衣料。

为什么
飞机起飞和降落时
禁用手机？

　　"各位乘客，飞机即将起飞，手机请关机，或转换成飞行模式。"有乘坐过飞机的人一定知道，在飞机上必须配合机长和空乘人员的指示，在正确时间使用手机、笔记本电脑等电子设备。通常飞机起飞和降落时，空乘人员会请乘客系好安全带，暂时停止使用电子设备，否则可能会被严厉制止，甚至处罚。你知道为什么会有这样的规定吗？

　　飞机在起飞和降落时，需要接收许多来自航空控制台的信息，这是机长最为忙碌的时刻，必须小心谨慎以免意外发

知识补给站

　　飞机起飞大约需 6 分钟，降落大约需 7 分钟，这段时间最容易发生事故，被称为"黑色 13 分钟"。虽然没有直接的证据显示手机等电子设备会导致事故，但是历史上很多飞行记录将飞机上设备失灵指向乘客使用手机，因此还是小心为妙。

生。手机信号可能会干扰飞机上的电子设备，如果我们在这个时间点使用手机，可能会造成飞机上电子设备接收错误信息，一不小心就会造成意外。所以我们千万不要抱着侥幸心态，一定要配合空乘人员指示，确保开开心心出行、平平安安回家。

学习小天地

飞机如果不幸遇到非常紧急的情况，机长通常会发出无线电求救信号，向地面控制塔台求救，习惯上会连续发出 3 次 "Mayday（救我）、Mayday、Mayday" 信号，以免被误听或是被其他信号覆盖。

 信息与传播

了解现在云信息与传播技术，并思考这些技术给生活带来了哪些变化。

书上说汉字和建筑有渊源，我怎么没看出来？

那是因为汉字从古至今有很大的变化，现在当然看不出来啊！

那它们有什么渊源呢？

因为汉字是象形文字，造字的时候会参考当时的物品，所以在造和建筑有关的字时，就会参考当时建筑的样式喔！

原來如此！

知识补给站

由于一些汉字会参考建筑的样式造字，所以我们可以从汉字的演变观察古代中国建筑的结构。例如"宫"就像是一个大屋顶下有两个房间，是给阶级较高的人住的。

学习小天地

我们可以在许多汉字中看见"宀"，这个部首与建筑的结构有着相当大的关系，可以表示房屋的屋顶和墙壁，是支撑房子的重要结构。

学习目标　**科技的发展与文明**
了解各个时代的科技发展及其生活方式。

比萨斜塔
为什么会倾斜？

意大利的比萨斜塔是著名的建筑奇观，于 1173 年开始建造，历时 200 年才完工。比萨斜塔每年都吸引了许多世界各地的游客前往参观。但是，比萨斜塔在建造之初并不是倾斜的，你知道为什么比萨斜塔会变成现在的样子吗？

比萨斜塔倾斜的原因主要是，55 米高的比萨斜塔，地

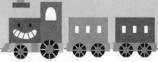

知识补给站

由于倾斜程度过大，意大利政府担心会对游客造成危险，比萨斜塔曾在 1990 年时暂时关闭，并开始修复工程。修复过程经过了 11 年才完工。修复后的比萨斜塔，从倾斜 5.5 度修正回 3.99 度。只要不出现难以抗拒的自然因素，比萨斜塔300 年内不会倒塌。

下的地基却不到5米，而整栋建筑物都是以大理石为材料，整体重量太重；建造之处又是属于冲积平原，地质相当松软。在兴建的过程中，它就开始慢慢地倾斜，完工后每年又持续缓慢倾斜，最终造就了比萨斜塔现在这样的建筑奇观。

学习小天地

意大利的物理学家伽利略为了证明物体落下的速度和重量无关，曾经在比萨斜塔上做了自由落体的实验，成功推翻了前人的理论。

学习目标 **重力作用**
知道重量就是物体所受到的重力，重力会使物体落下。

轮船底部为什么要漆成红色？

"轮船底部为什么是红色的？不能漆成蓝色或绿色吗？"小朋友到海边的时候有没有仔细看过船呢？不只是轮船，大部分船的底部都是红色的，你知道为什么吗？

那是因为船的底部总是浸泡在海水里，导致船体被腐蚀的情况相当严重，加上藤壶、管虫等海生动物也会附着在船底，不仅伤害船壳，更会增加船的行驶阻力。掺有氧化铁、氧化汞、氧化铜等物质的红色油漆，可以提高船底防锈的能力，而且具有毒性，让海里的生物无法附着，所以船的底部多为红色的！

知识补给站

由于氧化铁是红色的且具有较好的防锈功能，所以当我们为铁板等比较容易生锈的物品上漆时，可以先涂一层红色的防锈油漆，之后再涂其他颜色的漆，以达到更好的防锈效果喔！

学习小天地

　　海水比起一般的水，其成分要复杂许多，对金属的腐蚀性很大，每年生产的钢铁有很大一部分会被海水腐蚀的，所以科学家们积极地研究以发现哪种金属容易被腐蚀，并研发新的替代材料。

学习目标　**燃烧及物质的氧化与还原**
经由实验得知生锈的可能原因，并想出防锈的方法。

为什么建高楼要打地基？

建高楼为什么要打地基呢？

因为土地各处承载重量的程度不同，在房子的重力作用下，房子可能会不均匀地下沉，最后导致房子破裂。

天啊！真是太可怕了！

是啊！地基的深度会影响建筑的坚固程度，越高的楼层通常需要越深的地基。还有土质的松软程度也会影响打地基的深度喔！

软

硬

知识补给站

在建造建筑物之前，必须要先测量土地承载重量的能力，有些土地的承载力强，就可以作为天然地基，较弱的就要通过人工加强，但是高楼由于重量过重，所以一定要打地基。

学习小天地

台北101大楼是世界知名的高楼，为了承受大楼的重量，打地基的时候挖出了70万吨的土，深入地下80米，以防止地震、台风造成灾害。

学习目标 **天然灾害与防治**
认识如何防台风、防地震。

为什么地震后要把握
72 小时黄金 救援时间？

知识补给站

　　黄金 72 小时是救援时间的参考数值，受灾者的体力和意志力是很重要的存活要素，曾经有地震受灾者在灾难发生后 100 小时才获救，可见人的生存意志有多么强烈！

地震灾难发生时，新闻媒体都会不断提到"黄金72小时救援时间"，为什么搜救队要抢在72小时内救出灾民呢？其实这跟我们奇妙的身体有关喔！

在不吃不喝的情况下，人类大约可以靠体能存活3天（72小时），3天后体能就会逐渐耗尽，死亡风险升高。在地震过后，受困的人们通常被埋在黑暗、狭小的环境中，无法寻找饮用水与食物，这加速了体能的消耗。所以搜救队要抢在黄金72小时内拼命寻找灾民，因为在这72小时内获救，存活率是最高的；等人的体能耗尽之后，存活率便会变得微乎其微。

学习小天地

地震是一种无法预测的自然灾害，常常造成巨大的伤亡。有些地区位于地震带上，每年地震频繁，而且时常有强烈的地震发生，所以这些地区的人们平时家中一定要准备紧急救难包，以防不时之需。

学习目标 **天然灾害与防治**
认识台风与地震造成的影响。
认识如何防台风、防地震。

无障碍设施

如何帮助行动不便的人？

知识补给站

现在许多地区都朝着无障碍的目标前进，但是无障碍并不只能专注于行动的无障碍，还有许多方面，例如教育、生活等，需要所有人一起努力。

"人行道中间为什么要铺设一条黄色的水泥砖或橡胶砖？""阶梯旁和人行道上为什么要做一道道斜坡呢？"在我们的日常生活当中，你是否发现一些好像平常不会用到的设施呢？这些设施其实是要用来帮助行动不便者！

我们常常在人行道上看到一条连续的黄色砖，它的名字叫做"导盲砖"，是引导视障者安全行走的设施。导盲砖的形状和普通的人行道砖不同，上头有圆形或长条状的凸起，因此可以轻易地通过拐杖和脚底的触感分辨出来，只要在上面行走就不会迷路了。人行道和马路交界的斜坡，叫做"缘石坡道"，可以让坐轮椅或行动不便的人比较安全地过马路。这些看似平常用不到的设施，却是行动不便者的生活好帮手。

学习小天地

除了道路上的无障碍设施，在大众交通工具上也有许多无障碍的设计，例如有些地区的低底盘公交车就可以让坐轮椅的人方便上下车。司机会从车子底部拉出一块板子，方便轮椅移动。

学习目标　科技的发展与文明
了解各个时代的科技发展及其生活方式。

坐满人的大礼堂 为什么 没有 回声？

妈妈，在没有人的大礼堂说话，会有人偷偷学我讲话！

偷偷学我讲话……

学我讲话……

讲话……

那不是有人偷偷学你说话，而是声音碰到墙壁后反射造成的回声。

回声？可是开学典礼时的大礼堂并不会有回声啊？

开学时的大礼堂是不是坐满了人呢？人的皮肤或是身上的衣服会吸收声音，所以就没有回声了。

在大礼堂里，很容易一发出声音就产生回声，所以许多大礼堂会将墙壁设计得凹凸不平，让声音没有办法反射，以免演讲者说话的声音或演奏家乐器的声音被回声干扰。

学习小天地

超声波扫描是一种利用声波反射的医学技术，超声波的能量较小，对人体的危害不大，目前已经广泛使用在人体内脏的检验与诊断。

学 习 目 标 **声音、光与波**

了解声音与光在测量、传播及医学等领域的用途。

为什么
交通信号灯
使用红、黄、绿？

"红灯停，绿灯行"无论大街小巷，十字路口总会看到红绿灯，只是小朋友有没有想过，为什么交通信号灯要用红、黄、绿三种颜色呢？这和人类的视觉结构与心理反应有关喔！

人的眼睛里面，有着很多可以让我们感觉出颜色的细胞，这些细胞对于绿色与红色最敏感，第二是黄色，然后才是蓝色。而且红色的穿透力最强，无论晴天、雨天，我们都可以看到红色，所以拿红灯来做停止的标示，是再好不过的选择。在心理反应方面，人们通常会认为红色代表危险，绿色代表安全，而黄色则代表警告，所以红绿灯的颜色可不是随便乱选的喔！

知识补给站

世界上第一个红绿灯是在1868年由英国率先使用，那时只有红灯和绿灯，用的还是煤气灯。但是煤气灯自从发生爆炸意外后，就没有再使用了。直到1914年人们才在美国纽约设置了用电的信号灯。

学习小天地

今天红绿灯中所使用的红灯与绿灯，并不是纯粹的红色与绿色，而是加入了一点橙色的红色，与加入了一点蓝色的绿色，这样有红绿色盲的人就可以分辨信号标志了。

学习目标　信息与传播
观察人对光的感受，由光影、颜色等可获得很多信息。

不明飞行物就是飞碟吗？

"你看天空中有三角形的东西在飞！该不会是飞碟吧？""三角形的东西怎么会是飞碟？"小朋友你觉得宇宙中有外星人的存在吗？据说外星人会乘着飞碟到宇宙各处探险，也曾经拜访过地球。地球上的人们说这些奇怪的飞行物体叫做不明飞行物，究竟不明飞行物跟飞碟有什么关系呢？

不明飞行物的英文缩写是"UFO"，它们指不明来历、不明性质，漂浮及飞行在天空的物体，如新型的战斗机，只要是人们不知道是什么的飞行物，就叫做"UFO"；而飞碟是指形状像是圆盘的飞行物，据说是外星人在宇宙探险的交通工具。飞碟是"UFO"的一种，但是"UFO"不一定等于飞碟喔！

知识补给站

外星人为什么要乘坐圆形的飞碟呢？科学家研究圆形的飞碟在飞行上有很多优点，圆形不分头部和尾部，所以飞行的方向可以任意改变，遇到危险可以随时脱逃，也可以减小飞行时受到空气阻力的影响。

学习小天地

　　历史上曾经出现许多目击"UFO"的案件，例如美国的罗斯威尔就曾传出有"UFO"坠毁的事件，虽然后来军方澄清坠毁的是气象球，但许多人仍相信那是"UFO"出现了！小朋友你听说过哪些和"UFO"有关的故事呢？

学习目标 　**自然之美**
观察欣赏生命成长、天象、地质、海洋、气候变化的奥妙。

为什么

森林中
有一条条的马路?

为什么人烟稀少的森林，要开辟一条条马路呢?

森林中的马路不只是提供给车子行驶的，还是重要的防火隔离带喔!

什么是防火隔离带?

在森林失火的时候，这些道路因为没有可燃物，大火烧到这里便不会再烧了，可以保护森林居民的安全。

知识补给站

有些地方会在防火隔离带旁种植含水量较高的树种，如木荷，其耐热性很高、叶子很厚又富含水分，所以当森林大火烧到木荷林时，火势便会逐渐趋缓。

学习小天地

森林大火会受到坡向、坡度与海拔的影响。坡向不同接收的热量就不同，向阳坡温度较高容易发生大火。坡度会影响水分流失，坡度越大土壤越干，越容易发生火灾。高海拔地区一旦发生火灾，容易快速蔓延、难以扑救。

学习目标 **燃烧及物质的氧化与还原**
知道火灾发生时的处理方法与应变措施及常见的灭火原理。

为什么火车开近时汽笛声尖锐，远离时低沉？

小朋友有没有在站台前等过火车经过呢？如果你仔细听听火车的声音，就会发现火车开近时声音很尖锐，远离时声音却很低沉，究竟是为什么呢？

因为火车移动的速度会影响声音的传播，声音传播是通过空气以声波的形式传入我们的耳朵，火车前进的速度会改变汽笛声传到耳朵里的频率。当火车开近的时候，声音前进的速度加上火车前进的速度，传入耳朵的声波频率会比平常更高，所以声音听起来特别尖锐；火车远离时则相反，传入耳朵的声波频率会比一般的时候更低，所以声音听起来比较低沉。

知识补给站

频率是用来计算声波振动速度的快慢，当声波振动速度快的时候，听起来会比较尖锐；当声波振动速度慢的时候，听起来会比较低沉。

学习小天地

传播声音的物质称为"介质"，通常声音是以空气为传播介质，如果是在真空的环境下，我们是听不到声音的。声音在固体中的传播速度最快，然后是液体，最后才是气体。

学习目标 **声音、光与波动**
观察物体发声时是否有在振动，例如说话、打鼓时。
观察能由声音里获得哪些信息。

什么是奥林匹克运动会？

　　"四年一度的奥林匹克运动会即将开始了，全世界的人都非常期待！"小朋友有没有看过奥林匹克运动会呢？你知道如此盛大的国际赛事为什么叫做"奥林匹克"吗？

　　公元前900年，据说古希腊人为了要平息战乱，便向拥有预言能力的女祭司询问神的旨意。女祭司告诉他们为众神举办运动会、显示众神的荣耀，可以平息战乱，所以古希腊人决定在奥林匹克举行运动会。奥林匹克是希腊南部的一座城市，也是古代祭祀众神的宗教中心，而传说中奥林匹克山是众神聚集之处，将运动会取名为"奥林匹克"就是为了表示对众神的尊敬。

知识补给站

古代奥林匹克运动会从公元前 776 年开始举办，直到公元前 393 年被古罗马禁止，总共举办了 292 届。而今日我们所看到的奥林匹克运动会，是由法国教育家皮埃尔于 1896 年重新发起的。

学习小天地

奥林匹克运动会的会徽由蓝、黑、黄、绿、红 5 种颜色的圆环所组成，由现代奥运创始人皮埃尔设计。这 5 种颜色可以概括所有会员国的国旗颜色，而五环则代表地球上五大洲的团结。

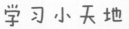

学习目标　**信息传播**
通过报纸、杂志、图书、网站、电话等各种渠道，收集某一特定主题的资料。

登山有哪些危险状况？

最近好像有台风，爸爸的登山行程只好取消。

台风来的时候山上特别容易下雨，去登山实在太危险了！

除了天气之外，登山还有哪些危险状况呢？

登山除了要注意天气，还要有充分的准备，否则可能会迷路、失足，甚至还会发生高原反应等。

原来登山有这么多要注意的地方，要叫爸爸多小心才行。

一次登山的时间可能会长达数十天，需要有较为周密的装备与计划，才能应付突如其来的状况，所以如果是第一次登山的话，还是请专业登山向导来帮忙带路比较好喔！

学习小天地

高原反应是人类在高海拔地区，没有办法适应低氧状态所产生的症状。一开始会有呕吐、全身无力等状况，严重的可能会导致昏迷，甚至休克，可以服用药物减轻症状，下山之后大部分的症状就会缓解。

学习目标 天气与气候变化

对气温、风向、风速、降雨等以量化的方式，来描述天气的变化。

用盐修筑的公路是怎么一回事？

　　盐是我们每天都会吃到的东西，如果哪天少了盐的调味，那世上的东西会变得多么无味啊！但是盐不只是拿来吃的，居然有人沿着盐湖修筑公路！这到底是一条什么样的公路啊？

　　这个地方就在我国青海省西北部的柴达木盆地，当地的人直接在盐湖上修筑公路，连接两个城市。但是如果碰到下雨，用盐做的公路岂不都要融化了？别担心！这里的盐是岩盐，结晶很大且极为坚固，就像岩石一样，而且柴达木盆地的气候非常干燥，不常下雨，不必担心岩盐会融化！

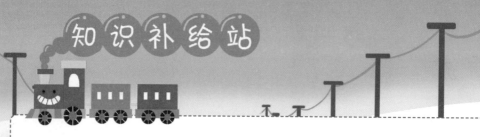

知识补给站

　　柴达木盆地是我国地势最高的内陆盆地，气候非常干燥，有三分之一的面积是沙漠，里面有许多的盐湖，盐的产量非常高。许多当地人的屋顶、桌子、椅子都是用盐做的。

学习小天地

　　我国台湾没有广大的内陆，也没有盐湖，但是在台南盐埕区有一片片的盐田。盐田利用太阳将海水蒸发，留下结晶的盐，所以远远看过去像是一片片的白雪，甚至堆成一座座雪白的盐山呢！

学习目标　　**自然之美**
观察并体会化学结晶之美与矿物之美。

为什么？

活性炭可用于过滤净水

"口好渴啊！喝杯解渴的白开水吧！"在炎热的季节里，水不仅最解渴，也不会造成身体的负担，难怪大家总是说要多多喝水呢！想要有干净好喝的水，净水器是最大功臣，但是你知道净水器是如何帮我们把水变干净的吗？

原来净水器中有用活性炭做成的过滤器。活性炭就是黑色粉末或颗粒状的炭物质，可以吸附水中的杂质，让水变干净。但是，活性碳吸附的能力是有限的，当吸附的杂质越来越多，吸附的速度就会越来越慢，所以活性炭过滤器必须定期更换，才能保持水的干净。

知识补给站

水质会影响活性炭过滤器的性能和寿命，水中污染物的浓度和种类是影响活性炭过滤效果的重要因素。水在活性碳中停留的时间，也会影响活性炭的过滤效果，停留的时间越长，可以清除越多的杂质。

　　活性炭的吸附力减弱后，可以回收再利用。将活性炭放在容器内，通入高压水蒸气和氧气，再加热至 400 摄氏度，可以去除杂质，让活性炭恢复净化功能。

学习目标 **物质的形态与性质**

通过实验发现不同物质有不同性质，例如有的易导电，有的不易；有的易导热有的不易。试着检测水溶液的酸碱性。

为什么会有马拉松比赛？

马拉松选手太厉害了，竟然可以跑那么久！

是啊！马拉松比赛的标准距离可是有 42.195 千米那么远喔！

那为什么会有马拉松比赛呢？

公元前 400 年，有一位雅典士兵为了传递胜战的好消息，一口气从雅典跑到马拉松，完成任务后却因筋疲力竭而死亡。为了纪念这段事迹，人们设立了马拉松比赛。

真是特别的故事！

雅典士兵的事迹虽然很惊人，但是没有人有办法计算当时他跑了多远，现代马拉松的长度其实是从1908年伦敦奥运会之后才确定下来的，在那之前马拉松比赛的长度并没有严格规定。

学习小天地

超级马拉松是距离超过42.195千米的长跑比赛，或是连续性的耐力赛。例如，撒哈拉沙漠超级马拉松，总长254千米，必须背着行李连续跑上6天。

GOAL

学习目标　**信息传播**
通过报纸、杂志、图书、网站、电话等各种渠道，收集某一特定主题的资料。

为什么 体操选手

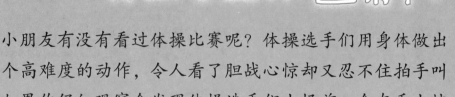
要在手上抹白粉？

　　小朋友有没有看过体操比赛呢？体操选手们用身体做出一个个高难度的动作，令人看了胆战心惊却又忍不住拍手叫好。如果你仔细观察会发现体操选手们上场前，会在手上抹白色的粉末，你知道那白色粉末是什么吗？有什么神奇的作用？为什么每个选手上场前都要抹呢？

　　这种白色粉末叫做"镁粉"，是一种非常轻而且细的粉粒，具有很好的吸水效果。体操选手在比赛时，任何细微的因素都会对比赛结果造成影响，手如果冒汗的话，会减小手和器材之间的摩擦力，导致手握不紧器材。所以抹上镁粉就是为了将手上的汗水吸走，让选手们更稳定地发挥实力！

镁粉的成分是碳酸镁，化学性质稳定，没有毒性也没有味道，所以对人体不会造成直接的伤害，但是有些人会对镁粉过敏，另外过量地接触或吸入镁粉，也可能影响神经系统。

学习小天地

镁粉不仅可以作为除湿剂，也能当作食品添加物，保持食物干燥不易腐坏，但是镁粉不能吃太多，过量可能导致腹泻脱水，所以在食品管制上相当严格。

学习目标　化学反应
认识生活中还有哪些事例利用了物品的性质。

为什么？ 3D电影的画面 是**立体**的？

知识补给站

我们看东西的时候，每只眼睛看到的影像不同，传回大脑后，大脑才会将影像合而为一，解读出正确的空间与距离。所以当闭上双眼拿东西，或者遮住一只眼睛看东西的时候，人对物体的空间感和距离感会变得不同。

"电影院好像有新的电影上映！好想去看喔！"小朋友有没有去电影院看过电影呢？电影院里的大银幕比家里的电视大上许多，看起来真是过瘾！而且有越来越多的电影用3D（三维）手法拍摄，看的时候戴上特殊眼镜，电影里面的人就好像站在你面前一样，真是太神奇了！但是你知道为什么3D电影的画面是立体的吗？

我们平常可以看到立体的物品，是因为两只眼睛同时观看产生立体感。因而在拍摄3D电影时，要用到两个镜头，像人的眼睛看东西一样拍摄。观看时，戴上特殊的偏振眼镜，通过眼镜的偏振效果，我们就可以看到立体的图像了！

学习小天地

通过两个镜头的拍摄手法，在新的科技中逐渐被电脑特效给取代了，现在的3D电影不再需要通过双机摄影，而是利用电脑生成图像，产生立体效果。

学习目标　科技的发展与文明
认识史上重要的科技创新与发明。

什么是田径运动？

学校运动会即将要开始了，我想报名田径项目！

田径项目包含许多运动，你有很多的选择喔！

田径不就是跑步吗？为什么有很多的选择？

田径运动可以分为田赛和径赛，田赛是用高度与距离算成绩，而径赛是用时间算成绩。跑步只是田径运动的一部分，属于……

我知道！是径赛！

知识补给站

田径运动项目是根据人类在与大自然搏斗时所做出的动作演变来的，如跑、丢、跳等动作，再逐步变成具有娱乐效果的竞赛项目。田径比赛历史悠久，最早可追溯到公元前776年的奥林匹克运动！

学习小天地

十项全能竞赛是从田径运动中选出十个项目，让参赛运动员在两天内按顺序完成比赛，它非常考验运动员的体能极限。项目包含：100米、400米、1500米跑步，跨栏、跳远、跳高、撑竿跳、铅球、铁饼、标枪。

学习目标　**信息传播**
通过报纸、杂志、图书、网站、电话等各种渠道，收集某一些田径比赛主题的资料。

单摆是什么？

著名的物理学家伽利略 18 岁的时候，在父亲的要求下，到比萨大学就读医学院。有一天，他在比萨大教堂祷告时，突然发现天花板上的吊灯不断的摆动，他用自己的脉搏默默地计算，发现吊灯来回摆动一次的时间几乎是固定的。这引起了伽利略的好奇，经过进一步的研究后，伽利略发现了单摆的原理，并制作了"计脉器"，用来测量脉搏次数。

单摆是由一根可摆动的绳索或竿子，下面吊着一个锤所组成。伽利略发现：当锤摆动时，无论摆动幅度是大还是小、吊锤是重还是轻，其摆动周期都是固定的。这是一组很简单的实验器具，它揭示了一个非常基础的物理原理，对后来的物理学带来深远的影响。

知识补给站

在伽利略发现了单摆原理之后，荷兰物理学家惠更斯发明了有摆的时钟，让计时变得更加准确；法国物理学家傅科则利用单摆来证明地球自转。可见单摆的应用相当广泛。

学习小天地

伽利略是出生于意大利的物理学家、数学家、天文学家。他曾发明望远镜，证明地心引力对物体落下的影响等，对后世科学的发展有重要的贡献，被称为"现代科学之父"。

学习目标 　科学的发展
寻找科学发现的过程，以了解科学中实验与理论间的关系。

千斤顶
可以顶起汽车吗？

"我们家的车子好像有故障了，赶快请修车师傅来看看！"无论车子碰到什么状况，修车师傅总是可以轻易解决，但是车子这么重，修车师傅要如何抬起车子呢？难道修车师傅是大力士，可以用一只手就举起车子？

修车师傅其实是靠着神奇的法宝——千斤顶，才能撑起车子，查看车底的状况！千斤顶的体积很小，看起来很不起眼，却可以撑起数吨重的东西。最早发明的螺旋千斤顶利用螺旋原理，可以撑起一百吨重的物品，还能长期维持高度，或稍微横移，用途非常广泛。

知识补给站

千斤顶的种类很多，除了螺旋千斤顶，还有液压千斤顶和齿条千斤顶等。每种千斤顶的负重能力不同，适合的工作也不同，液压千斤顶的负重比较高，但是无法长时间支撑。

学习小天地

使用千斤顶时，我们要旋转横在中间的螺杆。根据螺旋原理，我们所做的旋转运动，会变成对车子的直线运动，通过不同方向的施力把力放大，这样就可以撑起沉重的车子了。

学习目标 科技的发展与文明
认识史上重要的科技创新与发明。

地雷一踩就会爆炸吗？

电影里面的士兵被地雷炸伤，好可怕喔！

是啊！地雷是一种价格便宜，但是杀伤力强大的武器，所以战争时常被拿来使用。

地雷只要踩到就会爆炸吗？还是有缓冲的时间呢？

地雷有很多种，但是大多数的地雷只要一感应到重量，就会马上爆炸，所以在有地雷的区域，常常造成大量伤亡。

真是太残忍了！

知识补给站

地雷大致上可以分成伤人的反步兵地雷，与损毁坦克车的反坦克雷。反步兵地雷感应到人脚的重量就会爆炸；而反坦克地雷通常是被磁力所引爆。

学习小天地

战后遗留的反步兵地雷对平民的伤害很大，炸死的人甚至比战争时伤亡的士兵还多，所以 1999 年通过《渥太华禁雷公约》，全面禁止杀伤人员地雷。目前已有 162 个缔约国，我国虽未加入该公约，但赞赏公约体现的人道主义，认同公约的宗旨和目标。

学习目标 <u>科技的发展与文明</u>
了解科技对社会的影响。

为什么要手持长杆走钢丝？

　　小朋友你有没有看过马戏团里的走钢丝表演呢？表演者拿着长长的杆子，站在细细的钢丝上，看了真叫人捏一把冷汗，好怕他走到一半从高空中摔下来。但是你有没有想过，走钢丝的人为什么要拿着一根比自己身体长好多倍的长杆呢？

　　因为拿着长杆能让表演者保持平衡，没有拿着长杆的人，由于身体长度比长杆短，容易失去重心，一失足就从高空摔落。当人手拿长杆时，因为杆子本身具有的重量和长度，在失去平衡时杆子会稍微摆动，平衡人的重心，杆子两边也会往下坠，让重心下降，身体更容易保持平衡。

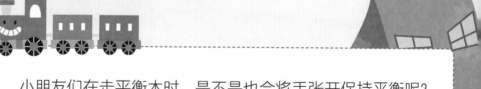

　　小朋友们在走平衡木时，是不是也会将手张开保持平衡呢？重心不稳的时候，手会上下左右的摆动，就是在帮助我们的身体找回平衡，这跟拿长杆的道理是一样的。

学习小天地

　　走钢丝的人拿着长杆保持平衡的原理，又叫做"转动惯量"，同样重量的物体，长度越长转动惯量越大，想像你拿着一根长长的晒衣杆转动，比起把晒衣杆对折绑起来，是不是更难转动呢？

学习目标　**运动与力**
观察物体在同时受好几个力的情况下，仍可能保持平衡静止不动。

为什么安检门能检测出金属物品？

"哔——哔——哔——""奇怪！明明没有东西碰到我，为什么安检门知道我有携带金属物品呢？"小朋友你坐过飞机吗？在乘飞机前，一定要通过机场人员的安全检查才能上飞机。通过安检门时，如果身上带有金属物品，安检门就会发出"哔——哔——哔——"的声音，你知道这是为什么吗？

其实，安检门是一种金属探测器，会产生特殊磁场，这种磁场对人体没有什么影响，一旦碰到金属的时候，磁场就会改变，并产生电流，而安检门接收到电流后，就会发出"哔——哔——哔——"的声音，表示侦测到金属！

知识补给站

学习小天地

安检门用来侦测金属的原理叫做电磁感应。电磁感应的原理是磁场变化的时候，让金属内部产生电流，进而影响原本的磁场，而安检门接收到异常的磁场时，就会发出警告。

金属探测器使用的范围很广泛。在食品、塑料等加工业，工厂会使用金属探测器检测原料的金属含量，不但可以防止金属和原料一起进入机器中，损坏机器，也可以防范产品中混入金属，对人体造成伤害。

学习目标　**电磁作用**

探讨电与磁的关系。例如，电流会产生磁作用，磁场的改变会感应出电流，通电导线在磁场中会受到力的作用。

为什么酷热的夏夜常常跳闸

哇！停电了！黑漆漆的什么都看不到。

别紧张，应该是跳闸了。

为什么夏天的晚上容易跳闸呢？

晚上的时候大家都会开着电灯、使用各种电器，再加上夏夜天气炎热，空调、电风扇也都开着，电负荷量太大，所以很容易跳闸。

原来如此！

知识补给站

跳闸是电力开关保护线路的方式。当电的负荷量太大的时候，线路有可能因为过热而熔化，所以在电力开关处会有过载继电器，只要电路负载的电流超过设定值，就会截断电路接点，导致跳闸。

学习小天地

18世纪著名的美国科学家本杰明·富兰克林，做了很有名的风筝实验。他在雷雨天放风筝，风筝上绑着金钥匙，引来了闪电。这个实验发现闪电是一种电的现象，开启了后来的科学家对电的研究。

好热喔！

学习目标 **电磁作用**
探讨电路中电压、电流与电阻的关系。

什么是轮轴？

小朋友有没有用过螺丝刀拧螺丝、转过水龙头呢？如果没有螺丝刀，单独用手拧螺丝还真不简单呢！如果没有水龙头螺旋手柄，水龙头根本就转不开。聪明的你有没有发现，这些生活中常见的物品都需要转动才能使用，这种转动可以改变对物体施力的方式，是杠杆原理的一种，叫做"轮轴"。

轮轴是一种简单的机械，轮由圆形物体做成，可以绕着圆心转动；轴是轮子中心延伸的直杆，可以将力传动到轮上，只要轮或轴转动就能带动整个轮轴一起转动。转动轴可以省时但是要耗费较大的力气；转动轮则可以省力，但是较为费时，生活中有很多应用轮轴原理设计的工具，你认识哪几种呢？

知识补给站

　　螺丝刀的把手是轮，金属细轴是轴。当转动把手的时候，我们在轮上所施的力会传到轴上；因为轴细，所以施给轴中心点的力会变大，我们就可以转动螺丝了。

学习小天地

　　螺丝刀、水龙头都是在轮上施力，让力的作用点受到较大的力，铅笔刀、方向盘也是用同样原理；而车子的传动轴则是在轴上施力，传动到轮上，用来节省时间。

学习目标 **电机与机械应用**
知道日常生活中常利用简单机械，如杠杆、滑轮、链条、皮带、齿轮、轮轴等。

手枪中的子弹可以换成刀吗？

　　"电影里常看到警察用手枪轻松制服了多个坏人，手枪的威力真是惊人啊！"手枪是常见的一种武器，只要扣下扳机，子弹就会从枪里面飞出来，连人的身体都可以射穿，破坏力非常强大。如果制造一种以刀子为子弹的手枪，威力会不会更加惊人呢？

　　子弹之所以破坏力强大，是因为子弹的体积小，弹壁光滑圆润，就算从手枪射出的时候速度很快，子弹也不会破裂或偏离轨道。但是如果把子弹换成刀子，由于刀子体积过大很难控制轨道，可能它一离开弹道就随意乱窜了。所以要把手枪里的子弹换成刀子，还需要经历很多的技术考验喔！

子弹的速度很快，每秒钟可以飞 200~400 米，几乎与声音的速度相当。所以在听到手枪发出"啪"的声音后，人是没有机会去反应并躲开子弹的。

学习小天地

防暴子弹是一种用来镇压暴动、制伏歹徒的特殊子弹。为了减低杀伤力，防爆子弹采用橡胶而不是金属来制成，速度比金属子弹慢，材质也比较软，但是依然有杀伤力，也有可能造成人员的伤亡。

学习目标　**运动与力**
运用时间与长度，描述物体运动的速度。

机器人会取代人类吗？

新闻上有好多关于机器人的消息喔！

是啊！科技越来越发达，机器人也越来越聪明了。

那机器人会不会取代人类啊？

机器人越来越聪明真不知道是好是坏呢！

科学家也在担心这件事情呢！目前会被机器人取代的多是重复性高的体力型工作，但是未来机器人会变得怎么样，就要看科技的发展了。

现在常见的机器人有工业机器人、家用机器人等，帮人类解决高危险性、高重复性的工作。工业机器人成长的速度很快，未来可能会取代人类的劳动工作。

学习小天地

现代的机器人会做的事情越来越多，甚至涉足服务业，可以与人互动。日本和法国共同打造的机器人佩珀（Pepper）就是号称有感情的服务型机器人，可以陪伴独居和单身的人，或是在店门口招呼客人，提供查询服务。

学习目标　**科技的发展与文明**
认识史上重要的科技创新与发明。

消防员的衣服为什么不怕火烧？

发生火灾的时候，总是会看到消防员驾着红色的消防车，穿着防护衣物勇敢地进入火场扑火。消防员的工作如此危险，当然需要很好的保护措施，他们身上穿的防护衣物，看起来非常厚重，这是为了要保护他们的安全喔！

消防员的防护衣物有许多功能，不仅能够防火、隔热，甚至还能抵抗化学物质的侵蚀。防护衣物的材质分为好几层，有反射层、防水层、隔热层。其中隔热层的功能就是避免衣服烧起来，由"阻燃纤维"制成，就算高温也不会轻易燃烧，是保护消防员在火场安全的秘密武器。

知识补给站

防护衣物中的反射层，会涂上一层金属铝，将热反射出去。防水层则是用性能较好的塑料制成，不仅轻薄，也能防水，且不会被化学物质侵蚀。有了这几层的保护，消防员才能顺利地进入火场救人。

学习小天地

　　消防员的防护衣因为时常承受高温，所以需要定期维护、保养，使用后要用清水清洗，并放在阴凉处晾干，正确的存放可以延长使用的年限，如果变质了就要立即更换，如此才能保护好消防人员的安全。

学习目标　　材料
通过收集资料认识木材、塑料、金属、玻璃与陶瓷对生活的影响，并认识不同材质的衣服。

铁为什么容易生锈？

知识补给站

　　铁制品如果没有好好保养，很容易生锈，许多大型的桥梁、建筑物都会使用铁制部件，生锈的部件很容易让建筑物变得脆弱，甚至造成危险，因此在维修上必须非常注意。

"铁钉上怎么会有一层红红的东西，摸起来沙沙的、粗粗的，该不会是生锈了吧！"小朋友有没有发现，很久没有使用的铁制品，如果放在有点潮湿的地方，表面很容易长出一层红红的铁锈，长了铁锈的铁制品变得粗糙脆弱、很难使用，你知道为什么铁会生锈吗？

化学性质活泼的金属，很容易与空气中的氧气、水发生化学反应，生成化学性质稳定的氧化物或氢氧化物。铁是一种化学性质较活泼的金属，铁锈的化学性质比铁要稳定很多。在潮湿环境下，铁和空气中的氧气、水容易发生化学反应，生成红色的铁锈。

学习小天地

每种金属的化学性质不同，如铁的化学性质比较活泼，所以容易生成铁锈，而金、铂的化学性质比较稳定，几乎不会发生任何化学反应。

学习目标 <u>燃烧及物质的氧化与还原</u>
通过实验探究生锈可能的原因及防锈的方法。

温度计如何测量温度？

温度计的种类有很多，使用范围也不尽相同。酒精温度计主要用来测量气温；水银温度计则用来测量体温。水银温度计的测温方式和酒精温度计相同，但是温度降低后不会自动下降，需用甩动的方式把水银甩下去。

学习小天地

除了用液体制作的温度计，还有电子式的红外线温度计。红外线温度计会侦测物体表面的红外线辐射能，再计算温度高低，它不用接触物体就可以测量物体表面温度，但是不方便测量物体内部温度。

学习目标 <u>温度与热量</u>
知道热可由传导、对流、辐射等方式传播，并将此传播性质利用在日常生活中。

核武器 有哪些破坏力？

知识补给站

　　原子弹利用"核裂变"反应造成强大的破坏力，跟核电站的发电方式基本上相同。两者的原料同样是"铀"，但是原子弹为了在短时间内释放最大能量，铀浓度比起核电站要高出许多。

1945年，美国在日本的广岛和长崎分别投下一颗原子弹，造成两个城市十万多人死亡，数十万人受伤，并留下了非常严重的"后遗症"，对第二次世界大战的战局造成巨大影响，也让世人首度见识到这个具有强大破坏力的可怕武器。

核武器在爆炸的瞬间会释放出巨大的能量，强烈的光热辐射与冲击波可以瞬间将城市夷为平地，更可怕的是它会造成大范围的放射性污染，核爆炸产生的放射性物质会对人体、水源、地面等造成污染，使得人或动物感染放射疾病，土地、水源数十年无法使用。因此国际上签订了针对核武器的《不扩散核武器条约》，希望能限制核武器的发展，让悲剧不再发生。

学习小天地

核武器发展快速，比起1945年的原子弹，现代先进国家拥有的核武器威力更加强大，种类也更多。氢弹、中子弹等都属于核武器。

学习目标　科技的发展与文明
了解科技对社会的影响。

舞台的 云雾效果 如何制造？

"舞台上怎么好像起雾了？白茫茫的一片。啊！我最喜欢的歌手登场了！"演唱会或音乐剧演出时，为了在重要时刻制造神秘的气氛，舞台上经常会出现大量的云雾。这些神奇的云雾是从哪里来的呢？难道是工作人员从天空中把云朵抓下吗？

其实，舞台上的云雾效果是利用干冰制造出来的喔！干冰在一般气压下，大约在 −78 摄氏度的时候会变成固体，把干冰送回到室温后则会升华成气体，因为干冰升华需要大量吸热，周围空气的温度会急速下降，水蒸气瞬间凝结成白白的小水滴，制造出云雾般的特殊效果。

知识补给站

干冰是最早被拿来制造云雾效果的物质，价格便宜但是效果有限。现在的舞台大多是用烟雾机来制造云雾，它能够准确地控制烟雾量的大小。

学习小天地

干冰在室温下，会直接由固体变成气体，那么干冰可以变成液体吗？可以的，但必须将压力增加到51个大气压，而我们一般生活的环境中，压力只有1个大气压，可见要见到液体的干冰不太容易。

学习目标　**温度与热量**
观察液体蒸发会吸热。

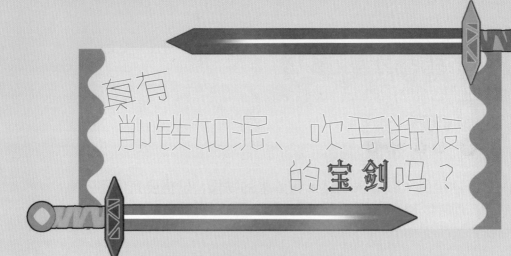
真有削铁如泥、吹毛断发的**宝剑**吗？

武侠小说里的宝剑削铁如泥、吹毛断发真是厉害，真希望我也有一把。

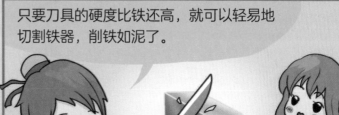
只要刀具的硬度比铁还高，就可以轻易地切割铁器，削铁如泥了。

那吹毛断发呢？

吹毛断发要看刀具的锋利程度，刀刃磨得越薄越锋利。

角度大　角度小

吹毛断发的刀具刀刃要非常薄，即使硬度再高的话，切割铁器时也会直接碎断，自然无法削铁如泥，所以这种宝剑只存在武侠小说中喔！

真的有这种宝剑吗？

知识补给站

硬度很高的刀具虽然可以切割铁器，却容易在冲击力过大时直接碎成两半，这是因为韧性不好的缘故。钢铁的硬度和韧性大小成反比，所以工匠在制作刀具时只能尽量平衡两种性质。

学习小天地

铁的硬度和碳含量有关，碳含量越高，则硬度越高。碳含量最高的铁称为生铁，硬度高但是脆度也高。经过精炼之后的铁叫做熟铁，延展性较好。钢的含碳量介于两者之间，里面含有其他金属，比起生铁和熟铁，耐锈性更好。

学习目标　**材料**
通过收集资料认识木材、塑料、金属、玻璃与陶瓷对生活的影响。

为什么
炮弹会"长眼睛"？

小朋友有没有在电视或电影中看过炮弹发射呢？炮弹发射前，军事专家们会先算好攻击的目的地，一旦发射后，就无法改变炮弹的路径。但是在现实生活中，最新的科技已经可以让炮弹"长眼睛"，精确地攻击目标了，你知道这是怎么办到的吗？

"长眼睛"的炮弹被称为制导炮弹，制导炮弹发射后会伸出弹翼，让炮弹内的电子系统控制飞行的方向，寻找目标。制导炮弹本身并没有发动的能力，完全靠发射时给的动力，电子系统采用激光、全球定位系统（GPS）等方式控制炮弹方向，因此命中率比普通炮弹要高。

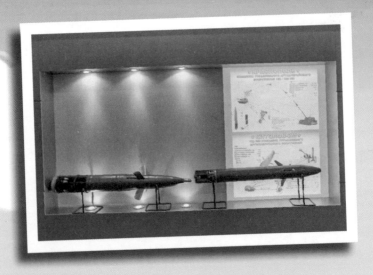

知识补给站

炮弹是内部装有炸药的投射物，在 16 世纪之后有越来越多人使用，但是十分不稳定。直到 19 世纪加农炮发明之后，炮弹才有了稳定的弹道。之后随着科技发展，炮弹的飞行距离越来越远，威力也越变越大。

学习小天地

制导炮弹属于精确导引武器的一种，可以在发射后进行控制，减少弹药消耗和平民伤亡。导弹也属于制导武器，只是导弹不仅具有制导系统，本身也具有动力。

学习目标 科技的发展与文明
了解科技对社会的影响。

烟囱是如何运作的？

"哇！欧洲的房子几乎都有烟囱耶！"中国大部分地区的气候相对比较温暖潮湿，房子很少有烟囱的设计，但是北欧等气候非常寒冷的国家，房子上面通常会有一根的烟囱，排出取暖设备所产生的废气，保持屋内空气的清净。你知道为什么烟囱可以排出废气吗？它还有什么其他作用吗？

燃烧所产生的高温会让气体膨胀、上升，所以燃烧产生的二氧化碳与燃烧不完全产生的烟雾会顺着烟囱排到室外，而烟囱内气流向外流出，会让新

知识补给站

高楼内的空气可以沿着电梯井、逃生通道上升或下降，加强空气对流，这称为"烟囱效应"。失火时，大厦内低楼层火势产生的热气会向上蔓延，在高楼层制造另一个火场，这种烟囱效应会使火灾更加严重，增加救援的困难。

鲜的空气往燃烧处流动，让火势更加旺盛。可见烟囱除了能排出废气之外，还可以帮助燃烧喔！

学习小天地

烟囱可以加强室内空气的对流，除了可以将气体向上送出之外，气流也可以向下流动。夏天的时候室内有时会比室外闷热，烟囱会把室外的空气抽入室内，空气流通之后，室内就不会那么闷热了！

学习目标　**燃烧及物质的氧化与还原**
知道燃烧的要素，如温度、可燃物、助燃物（通常为氧气）。

电子战如何进行？

　　现代科技发展非常迅速，每个国家都非常重视电子通讯的发展，而传统以人力、武器为主的战争，也逐渐地扩张到了电子通讯上面，这样的战争模式称为"电子战"。电子战最早出现在 1905 年的日俄战争。如今通讯技术越来越成熟，电子战的重要性也越来越高，小朋友你知道电子战是如何进行的吗？

　　电子战可分为硬杀伤和软杀伤，硬杀伤是直接破坏敌方的电子设备；软杀伤则是以发出电磁波干扰敌方信号、伪造错误信息等手段，使敌方的电子设备失灵，达到指挥失效、通讯中断的目的，让攻击方可以趁势发动攻势。

知识补给站

干扰丝是一种对抗雷达侦测的设备，由被切成细片的铝、金属玻璃丝等制成。干扰丝由飞机从空中丢出，可以形成大量的干扰反射信号，造成雷达侦测异常。

学习小天地

电子战中的干扰可以分为主动干扰和被动干扰，主动干扰是利用电磁信号阻止敌方接收信号；而被动干扰则是利用干扰丝或其他方式降低敌方信号强度。

学习目标　科技的发展与文明
认识史上重要的科技创新与发明。

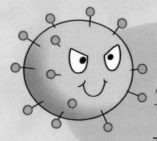

生物武器怎么对人类造成巨大灾难？

在人类的历史中，发生过的战争数都数不清，人们用武器互相攻击，造成巨大的伤亡，真的是非常可怕的事情！现代科技进步越来越快，也发展出了许多不同的武器，其中生物武器就是种具有强大杀伤力的武器，不需要炮火就可以使无数人失去生命。

生物武器利用能散播传染病的病原体等会使人生病或死亡的物质，让对方在不知不觉中受到袭击。生物武器一开始难以侦测，一旦大爆发就会造成难以收拾的局面。生物武器攻击非常残酷，无辜的民众全都会受到影响，许多传染病到战争结束数十年后依然存在，是人类的巨大灾难。

化学武器是一种不需要炮火，但杀伤力强大的武器。化学武器是将有毒的化学物质施放到空气或水源中，通过吸入空气、直接食用或皮肤接触使人中毒，例如芥子气、沙林毒气等。

1979 年，位于苏联（今俄罗斯）的一处生物武器基地发生意外，造成炭疽杆菌外泄，炭疽病大流行，近千人死亡，而后炭疽病流行数十年才受到控制。

学习目标　**人类与自然界的关系**
知道人类活动会影响其他生物。

为什么
独轮车能直立不倒？

　　小朋友有没有看过杂技表演呢？许多厉害的表演者可以一边骑着独轮车，一边表演杂耍，令人叹为观止！想必他们是拥有神奇的能力才能骑着独轮车做表演吧？否则一个轮子的车怎么能前后左右行动自如呢？

　　其实，独轮车能直立不倒的秘密，全要看骑车人的技术。独轮车和自行车一样，都需要良好的平衡感，但是独轮车没有把手，要用整个身体来控制方向。当身体向前或向后倾斜时，整个车子的重心都会偏移，持续踩脚踏板就可以向前、向后移动；若想要保持直立，则身体也要保持直立，并适当地踩脚踏板。掌握以上诀窍，加上经常练习，你也可能成为厉害的独轮车高手。

知识补给站

独轮车让人很难保持平衡，所以一开始都只有在杂技表演中出现。现在它已经变成一项运动，可以分为自由式、竞技式、山地式、旅行式独轮车运动。

学习小天地

电动独轮车和独轮车一样，只有一个轮子，但是它是利用内部机械结构让车子保持平衡。内部的系统会感应骑车人身体的倾斜方式，身体向前倾时车子就会往前，向后倾时就会减速。

学习目标 **运动与力**

观察物体在同时受好几个力作用的情况下，仍可以保持平衡静止不动。

简单机械

姓名：＿＿＿＿＿＿＿＿＿＿＿＿＿

　　生活中有许多时候，需要机械的辅助才能把事情做好，你知道这些工具的原理是什么吗？请你将工具和它的原理连起来，再用这些工具帮帮小伍与小岚。

 千斤顶　·

 螺丝刀　·
　　　　　　　　　　　　　　·螺旋原理

 扳手　·
　　　　　　　　　　　　　　·杠杆原理

 开瓶器　·
　　　　　　　　　　　　　　·轮轴原理

 剪刀　·

1. 小伍："家里的车子坏掉了，爸爸需要（　　）才能把车子撑起来，好好地检查车子的底座。"

2. 小岚："闹钟今天早上没有响，害我迟到了好久，该不会是坏了吧？只能用（　　）拆开来看看了。"

你学到了什么：＿＿＿＿＿＿＿＿＿＿＿＿＿＿＿＿

建筑的秘密

姓名：＿＿＿＿＿＿＿＿＿＿＿

　　现代建筑的方式越来越复杂，这些方式有些是为了美观，有些是为了防风，请小朋友看看下面的叙述，选出这些建筑真正的秘密吧！

1. 小岚："台北 101 大楼里面有一颗大球，叫做（防震阻尼器 / 风阻结构），据说有 600 多吨那么重，当台风或地震来临时，它会自动往外力的反方向移动，降低大楼的晃度。"

2. 小伍："南京长江三桥是用（墙体结构 / 悬索结构）为建筑方式，不但可以减轻本身重量、节省材料成本。"

3. 妈妈："在柴达木盆地连接两个城市的公路居然是用（盐 / 水晶）做成的，而且极为坚固，真是令人吃惊！"

4. 爸爸："在建筑施工的时候，如果土质过于松软，或是想要盖出高楼的话，（地基 / 地下室）一定要打得够深才行，否则建筑可能会出现危险呢！"

你学到了什么：＿＿＿＿＿＿＿＿＿＿＿＿＿＿＿＿＿＿＿

简单机械解答

　　生活中有许多时候，需要机械的辅助才能把事情做好，你知道这些工具的原理是什么吗？请你将工具和它的原理连起来，再用这些工具帮帮小伍与小岚。

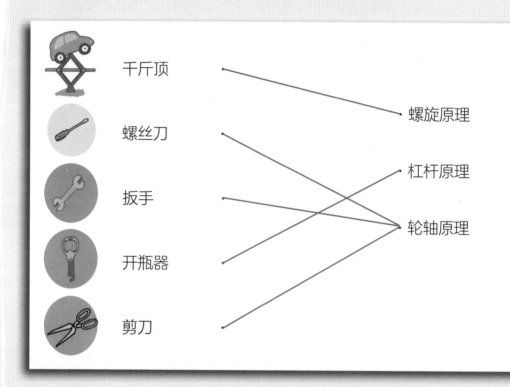

1. 小伍："家里的车子坏掉了，爸爸需要（千斤顶）才能把车子撑起来，好好地检查车子的底座。"

2. 小岚："闹钟今天早上没有响，害我迟到了好久，该不会是坏了吧？只能用（螺丝刀）拆开来看看了。"

建筑的秘密解答 ●●●

　　现代建筑的方式越来越复杂，这些方式有些是为了美观，有些是为了防风，请小朋友看看下面的叙述，选出这些建筑真正的秘密吧！

1. 小岚："台北101大楼里面有一颗大球，叫做（**防震阻尼器** / 风阻结构），据说有600多吨那么重，当台风或地震来临时，它会自动往外力的反方向移动，降低大楼的晃度。"

2. 小伍："南京长江三桥是用（墙体结构 / **悬索结构**）为建筑方式，不但可以减轻本身重量、节省材料成本，而且盖出来的建筑占地面积也可以很广。"

3. 妈妈："在柴达木盆地，连接两个城市的公路居然是用（**盐** / 水晶）做成的，而且极为坚固，真是令人吃惊！"

4. 爸爸："在建筑施工的时候，如果土质过于松软，或是想要盖出大楼的话，（**地基** / 地下室）一定要打得够深才行，否则建筑可能会出现危险呢！"

著作权合同登记号：图字13-2018-025

本书通过四川一览文化传播广告有限公司代理，由台湾五南图书出版股份有限公司授权出版中文简体字版，非经书面同意，不得以任何形式任意复制、转载。

图书在版编目（CIP）数据

哇！科技无所不在 / 学习树研究发展总部编著.
—福州：福建科学技术出版社，2019.1
ISBN 978-7-5335-5667-9

Ⅰ.①哇… Ⅱ.①学… Ⅲ.①科学技术–少儿读物
Ⅳ.①N49

中国版本图书馆CIP数据核字（2018）第196819号

书　　名	哇！科技无所不在
编　　著	学习树研究发展总部
出版发行	福建科学技术出版社
社　　址	福州市东水路76号（邮编350001）
网　　址	www.fjstp.com
经　　销	福建新华发行（集团）有限责任公司
印　　刷	福州华悦印务有限公司
开　　本	700毫米×1000毫米　1/16
印　　张	7
图　　文	112码
版　　次	2019年1月第1版
印　　次	2019年1月第1次印刷
书　　号	ISBN 978-7-5335-5667-9
定　　价	25.00元

书中如有印装质量问题，可直接向本社调换